Getested 2012

eine

1

Dumme

Gesichter

3      4

7      8

10

1 2

5 6

9

Besonderen Dank an meine
wunderbaren, erstaunlich, erstaunlich
und liebevolle Frau Carol!
Ihre Unterstützung und das Vertrauen in
mich und Ihre Präsenz von mir seit wir
Kinder waren ist mir mehr Wert, als ich
zum Ausdruck bringen können.

Worte und Illustrationen von
Michael Richard Craig.

# Zwei

# 2

# Dumme

# Gesichter

Drei

3

Dumme

Gesichter

# Vier

# 4

# Dumme

# Gesichter

# Fünf

# 5

# Dumme

# Gesichter

# Sechs

# 6

# Dumme

# Gesichter

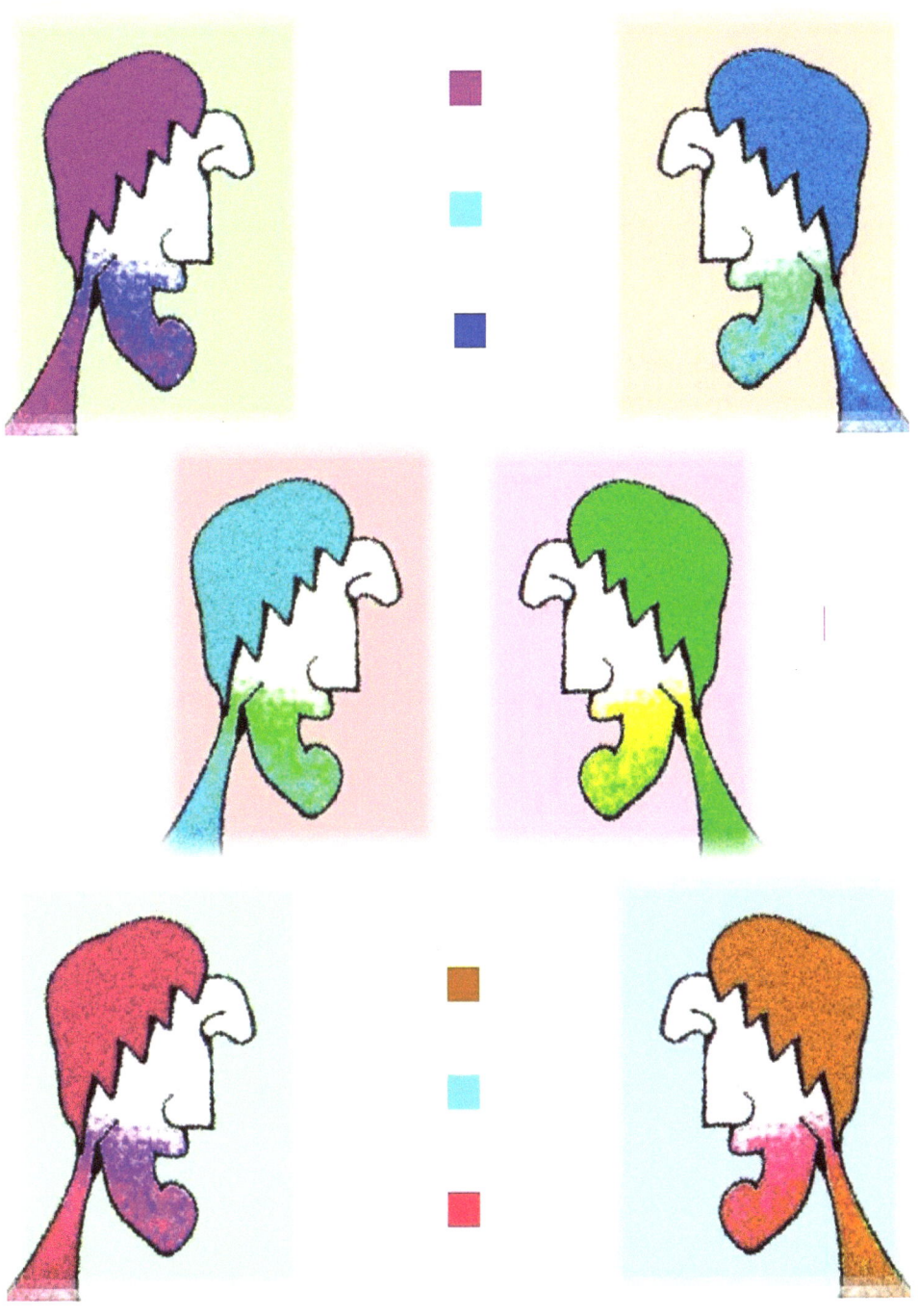

# Sieben

# 7

# Dumme

# Gesichter

# Acht

# 8

# Dumme

# Gesichter

# Neun

# 9

# Dumme

# Gesichter

# Zehn

# 10

# Dumme

# Gesichter

1

2

3

4

5

6

7

8

9

10

# Das Ende.
# Gut
# Gemacht!

Diese Gesichter sind Sammlung
"The many Faces of Michael Richard Craig"
Dies ist die erste in einer Reihe von zehn Bände der
dumme Gesichter für hundert zählen.

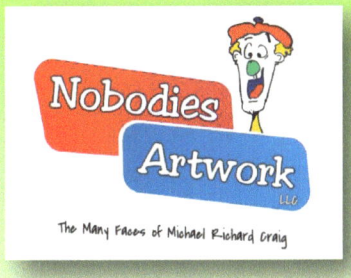

Nobodiesinc@yahoo.com

TeeGeeBeeTeeGee